Thaikatzen

Beschreibung einer zauberhaften Katzenrasse

von Eva Günther, Holzminden

Eva Günther
Oberbachstrasse 53
37603 Holzminden

Herstellung und Verlag:
Books on Demand GmbH, Norderstedt
ISBN 978-3-8391-2465-9

Einführung
Eine alte Katzenrasse mit neuem Namen

Für viele, besonders für ältere Katzenliebhaber, ist die Thai Katze schlicht und einfach eine Siamkatze – und das ist sie ja auch.
Berichte ich hier also über die Geschichte der Thaikatze, so schreibe ich wenn es die Jahre vor 1990 betrifft von der Siamkatze.
Doch auch nach 1990 und teilweise bis heute gibt es noch Züchter, die ihre Katzen, die dem heutigen Thai-Standard entsprechen als Siamesen bzw. Siamkatzen bezeichnen.
Zur Verdeutlichung, dass es sich um die heute häufiger als Thaikatzen bezeichneten Tiere handelt erkennt man daran das Zusatzbegriffe wie „altstämmig“, „klassisch“, „alter Typ“ oder „traditionell“ zum Begriff Siam hinzu gefügt werden.
Außerhalb von Deutschland ist der Begriff Thaikatze für diesen Siam-Typ noch ungebräuchlich.
Auch auf den Ahnentafeln dieser Rasse werden je weiter man in die Vergangenheit kommt Tiere mit der Rassebezeichnung Siam erscheinen.
Für diese Rasse ist es sehr wichtig, dass keine Fremdrassen oder nicht näher definierte Pointkatzen eingekreuzt wurden, dies ist oft erkennbar an Ahnen für die lediglich ein Rufname angegeben ist.

Warum wurden aus einigen Siamesen die Thaikatze?

Wie bei fast allen Katzenrassen unterlag auch bei der Siamkatze der Rassestandart fortwährender Veränderung.
Diese Veränderung geschah nicht plötzlich, vielmehr war es ein schleichender und ständig fortwährender Prozess.
Immer schlankere Tiere mit immer marderähnlicheren Köpfen erhielten auf Ausstellungen die besseren Bewertungen.
Durch Zuchtauswahl wurde dieser Typ ständig extremer.
Bereit am Beginn dieser Entwicklung in den 70er Jahren gab es Züchter die diesem Trend nicht folgen wollten
Die Folge für Züchter und Besitzer dieser nicht so extremen Tiere wurden dann zunehmend immer schlechtere Bewertungen auf den Ausstellungen.
Trotzdem hielten viele Züchter dem Druck stand und bewahrten die alte Siamkatze.
Diese Siamkatzen der älteren Form wurden schließlich auf Ausstellungen als schlechte Siamesen angesehen.
Gegen Ende der 80er Jahre hatten sich die modernen Siamkatzen und die nach traditionellem Standard gezüchteten Katzen sehr weit auseinander entwickelt.
Eine gerechte Bewertung dieser Tiere als Katzen ein und derselben Rasse wurde quasi

unmöglich.
So ist es nur verständlich, dass die Züchter der „Altstämmigen“ nach einer Lösung für dieses Problem suchten.
Da die Rassebezeichnung Siam bereits für die moderne, extremere Form dieser Rasse besetzt war und die deutschen Züchter überwiegend gegen einen Doppelnamen, wie z. b. „Siam alter Typ“ oder „traditionelle Siamesen“ waren, musste ein neuer Name her.
Dieser Name sollte aber gleichzeitig beinhalten, dass es sich um eine klassische Form der Siamkatze handelt.
Der Name **Thaikatze** wurde geboren. Schließlich wurde ja auch das heutige Thailand früher als Siam bezeichnet. Dieser Ländername wurde im Mai 1949 von den Thailändern als diskriminierend endgültig abgeschafft.
In den 90er Jahren wurden diese im englischen Sprachraum als „Old-Style Siamese“ bezeichneten Tiere wieder vermehrt gezüchtet. Alle vor 1990 gezüchteten Katzen dieser Rasse tragen noch den Namen Siamkatze.
Die ersten Clubs erkannten Thaikatzen als eigenständige Rasse an.
Seit Februar 2007 ist die Thaikatze auch von der Dachorganisation Tica als „Preliminary New Breed“ anerkannt.
Da sich die Thaikatze bei vielen Katzenfreunden größerer Beliebtheit erfreut als die modernen Siamesen haben leider auch einige Züchter versucht durch die Verpaarung

moderner Siamesen mit rundlicheren Katzenrassen oder mit ausländischen Pointkatzen schnell wieder zur einem den klassischen Siamesen ähnlichen Typus zu gelangen.
Aus solchen Verpaarungen können aber niemals echte Thaikaten hervor gehen.
Auch aus diesem Grund ist es so wichtig, dass der Rassestandard der Thaikatze genau festgeschrieben wurde.
Thaikatze und moderne Siamkatze unterscheiden sich in ihrem Erscheinungsbild.
Charakter, Wesen und Temperament sind jedoch bei Siamesen und Thaikatzen identisch.
Parallel zur Entwicklung der Siamkatze ist natürlich auch die Entwicklung ihrer langhaarigen Variante der Balinesenkatze verlaufen.
Ihre klassische Form wird bis heute nicht als eigenständige Rasse angesehen.
Es gibt aktuelle Bestrebungen diese Balinesen als Thai Semilanghaar oder als Thaibalinesen als eigenständige Katzenrasse anzuerkennen.
Zur Zeit besteht jedoch für Züchter dieser klassischen Balinesen noch das gleiche Problem mit dem die damaligen Züchter der altstämmigen Siamesen zu kämpfen hatten.
Ihre Tiere müssen auf Ausstellungen in Konkurrenz zu den modernen, besser im heutigen Standard liegenden Tieren antreten. Ein Erwerb von Championaten ist dadurch nahezu ausgeschlossen.
Das folgende Bild zeigt deutlich den Unterschied. zwischen einem modernen Siamkater (linkes Bild) und einem Thaikater (rechtes Bild).

Da die Entwicklung zum modernen Siam natürlich fließend verlaufen ist, wird es auch immer Tiere geben die eine Brücke zwischen diesen beiden Typen bilden. Auch der Thaistandard ist sehr eng gefasst, dadurch ist die Anerkennung der Thaikatze nicht für jeden Züchter einer traditionelleren Siam wirklich von Vorteil gewesen..

Die Geschichte der Siamkatze

Ihr Leben im alten Siam

Unsere Siamkatzen gehören zu einer der ältesten gezüchteten Katzenrassen.
Der Name dieser Katzenrasse deutet schon auf ihre ursprüngliche Herkunft hin..
Siam war die damalige Bezeichnung für das heutige Thailand.
Hier haben die Siamkatzen ihre ursprüngliche Heimat.
Einige Legenden behaupten, dass sie im Königshaus gezüchtet worden sind. Andere wiederum behaupten sie würden ausschließlich aus Klöstern stammen.
Tatsache ist, dass die Siamkatze die Katze der reichen Einwohner Bangkoks war und auf deren umfriedeten Grundstücken gehalten wurde. Sie hatten keinerlei Kontakt zu den auf den Straßen verwildert lebenden Katzen. Dadurch konnte sich das rezessive Gen, welches für die Pointzeichnung verantwortlich ist, erhalten. In ihrer ursprünglichen Heimat galten sie nicht nur als äußerst schön. Sie waren vor allem auf Grund Ihrer sehr hellen Körperfarbe

etwas besonderes. Weiße Tiere galten in Siam als heilig.
Bereits 1350 wird eine solche Katze mit heller Körperfarbe und dunklen Points beschrieben.
Die Katzen nahmen auch in der buddhistischen Religion eine wichtige Stellung ein.
Die Seelen verstorbener Mitglieder des Hochadels oder des Königshauses bevölkerten ausgesuchte Katzen. Somit galten diese Katzen als Reinkarnation der verstorbenen Menschen und durften von diesem Zeitpunkt an im Tempel leben.
In ihrer alten Heimat gab es auch viele Legenden, die sich um diese Katze rankten.
Sogar für die bei dieser Rasse damals häufiger vorkommenden kleinen Fehler wie Schielen oder Knickschwanz gab es jeweils eine oder mehrere sympathische Erklärungen.
Katzen mit diesen Fehlern, werden natürlich heute nicht mehr zur Zucht zugelassen.

Hier nun einige dieser **Legenden**

Wie die Siamkatze zu ihrem Knickschwanz kam

Eine wunderschöne Prinzessin im alten Siam pflegte täglich ein Bad zu nehmen.
Sie besaß wertvolle Ringe und fürchtete diese während des Bades zu verlieren.
Der lange schlanke Schwanz ihrer Siamesin schien wie geschaffen zu sein um ihre Ring auf diesen Schwanz zu schieben. Doch wie sollte sie verhindern, dass diese wieder herunter rutschen würden. Kurz entschlossen machte sie in das Ende des Schwanzes einen Knick.
Nun konnte keiner der Ringe mehr herunter rutschen.
Eine andere Legende erklärt den Knickschwanz der Siamkatzen damit, dass diese Katzen

wertvolle Kelche bewacht hätten und die Stiele der Kelche mit ihren Schwänzen umklammert hielten. Die Bewachung der Kelche hat so lange gedauert, dass die Katzen nachher die Schwänze nicht mehr gerade bekommen hätten.

Knickschwanz und Schielen

Eine weitere Legende benennt einen anderen Ursprung für den Knick im Schwanz einer Siamkatze und gleich noch zusätzlich für das Schielen.
Männer, die in den Krieg hinaus ziehen mussten übertrugen dem Kater Tien und der Katze Chula die wichtige Aufgabe den Schatz in der Heimat zu behüten.
Zu diesem Schatz gehörte auch ein goldener Trinkbecher Buddhas.
Chula war zu diesem Zeitpunkt trächtig. Da sie fürchtete einzuschlafen wickelte sie ihren Schwanz um den goldenen Trinkbecher Buddhas.
Außerdem hielt sie den Trinkbecher unentwegt im Blick. Da sie immer müder wurde viel es ihr immer schwerer gerade aus zu blicken.
Tien verließ Chula um einen Priester zu holen, der seine Aufgabe übernehmen würde.
Kurz vor dem Geburtstermin kam Tien mit einem Priester zurück.
Chula konnte in Ruhe ihre Kinder zur Welt bringen.
Alle ihre Kinder schielten und hatten den Schwanz so als müssten sie damit einen Becher

fest halten. Diese gaben dieses Schielen und den besonderen Schwanz weiter an viele ihrer Kinder und Kindeskinder.
Auch in einer weiteren Legende wird das Schielen der Siamkatze mit ihrer Funktion als Bewacherin von wertvollen Dingen erklärt.
Alle in den Palästen anwesenden Siamkatzen sollten die Reichtümer bewachen.
Natürlich nahmen sie ihre Aufgabe sehr ernst.
Da sie ohne Unterbrechung auf die wertvollen Gegenstände starrten begannen sie schließlich zu schielen.
Wer kennt ihn nicht diesen eindringlichen Blick einer Siamkatze, heute glücklicherweise in der Regel ohne ein Schielen.

Warum die Siamkatze mutiger und intelligenter ist als andere Katzen

Auch für den besonderen Mut und die hohe Intelligenz der Siamkatze findet sich in den Legenden eine Erklärung. Diese Legende ist allerdings noch nicht so alt wie die vorherigen. Sie spielt sich auf der Arche Noah ab. Nachdem der Regen immer länger anhielt und die Tiere anfingen sich zu langweilen schlossen eine Löwin und ein Affe Freundschaft. Der Affe verliebte sich in die Löwin und sie bekamen miteinander ein Kind. Dieses Kind war die erste Siamkatze.
Sie hatte den Mut ihrer Mutter und die Intelligenz ihres Vaters..

Die ersten Siamkatzen in Europa

Die ersten Siamkatzen kamen um 1870 herum nach England und sogar in die USA.
Diese ersten Katzen verstarben allerdings sehr früh, da Fehlinformationen, wie sie zu füttern und zu halten seien zu fataler Fehlernährung führte.
Schon 1871 wurden konnten die ersten Siamkatzen auf einer Show bewundert werden.
1884 kam das erste Zuchtpaar nach England. Es waren die Katze Mia und der Kater Pho.
Sie waren ein Geschenk des Siamesischen Königs Rama V. an den britischen Generalkonsul Sir Edward Blencowe Gould.
Der Nachwuchs dieses Paares wurde bereits 1885 auf einer großen Katzenausstellung im Londoner Crystal Palace gezeigt. Das Publikum war von dieser neu vorgestellten Katzenrasse begeistert und so ist es nicht verwunderlich, dass von diesem Zeitpunkt planmäßig Siamkatzen eingeführt und gezüchtet wurden. 1892 wurde hier der erste Standard .für die Siamese Cat festgelegt und bereits im Jahre 1902 wurde der erste Club für diese Rasse gegründet. Der 1933 festgelegt neue Standard wurde 1935 um die Farbe blue point erweitert. Erst 1958 wurden die Verdünnungsfarben chocolate- und lilac point anerkannt. Die Anzahl der Zuchttiere war begrenzt und in folge dessen kam es auch des öfteren zu Inzucht-Verpaarungen.

Dadurch kam es in den Anfangszeiten der Siamkatzenzucht auch häufig zu Gendefekten.
Noch bis in die 30er Jahre wurden am häufigsten Tiere aus Siam importiert.
Auch in Zoos wurden in diesen Jahren häufig Siamkatzen gehalten.
Auch die Nachzuchten aus diesen Zoos wurden dann häufig zur Weiterzucht angekauft.
Zu einer planmäßigen Zucht gehört natürlich auch ein verbindlicher Standard.
Der erste offizielle Standard für die Rasse wurde 1892 schriftlich niedergelegt und im Jahre 1902 um etliche Punkte vervollständigt.
Zunächst wurden die Katzen vorwiegend in England, Frankreich und den USA gezüchtet.
In Deutschland wurde erst ab 1927 von zwei eingetragenen Züchtern mit der Zucht der Siamkatze begonnen.

Charakter und Wesen der Thaikatze

Die Thaikatze gleicht in ihrem Wesen zu 100% der Siamkatze.
Damit sie sicher gehen eine Katze mit dem für Siamesen und Thaikatzen einzigartigen, wundervollem Charakter zu erwerben, ist es natürlich notwendig, dass das Kätzchen aus einer reinen Siamlinie abstammt. Tiere die ohne Papiere angeboten werden haben oft nur das äußere Erscheinungsbild einer Thaikatze, oftmals noch nicht einmal dies, viele besitzen nur die Points der Thaikatze, haben aber einen viel plumperen Körperbau.
Natürlich gibt es auch unter diesen Abkömmlingen das eine oder andere Kitten, welches in allen Punkten übereinstimmt, doch eine Sicherheit haben Sie dafür nicht.
Bedenken Sie, dass Sie mit diesem Kätzchen vermutlich die nächsten 15 bis 20 Jahre Ihres Lebens teilen. Eine reinrassige Thaikatze, Siamkatze oder ein reinrassiger Balinese werden Ihnen in dieser Zeit mit Sicherheit sehr viel Freude bereiten. Sie sollten nicht für eine einmalige Ersparnis beim Kaufpreis darauf verzichten.
Thaikatzen sind besonders verspielte lebhafte Katzen. Sie schließen sich enger an Ihren Menschen an, als es andere Katzenrassen tun. Viele bezeichnen sie daher auch als das Hündchen unter den Katzenrassen. Weil sie derartig an ihrem Besitzer hängen begleiten sie ihn auch gerne auf Ausflügen oder Reisen. Thaikatzen lernen verhältnismäßig leicht an der

Leine zu laufen. Dabei sollten sie aber niemals unter Zwang in eine bestimmte Richtung gezwungen werden. Nur wenn sie einfühlsam an die Leine gewöhnt werden, werden sie später ihr Halsband und die Leine als Bereicherung empfinden und sich freuen, wenn ihr Mensch sie ausgehfertig macht. Einige von ihnen bringen sogar ab und zu ihre Ausgehgarnitur von selber um zu zeigen, dass sie mal wieder etwas erleben wollen. Auch bei Autofahrten mit Beifahrer sind Katzen die an Halsband und Leine gewöhnt sind im Vorteil. Die Thaikatze beobachtet gerne das Geschehen auf der Straße, und wird auf so einer Fahrt gerne aus dem Fenster schauen. Bei längeren Fahrten wird sie sich dann aber irgendwann auf dem Schoss ihres Mitfahrers zusammen rollen. Das sie alle diese Dinge so leicht lernen hängt auch mit ihrer hohen Intelligenz zusammen. Es gibt einen Intelligenztest für Katzen. Hier werden für die gleiche Bewertung für eine Siam- oder Thaikatze 20 Punkte mehr abverlangt.
Thaikatzen lieben es, wenn sie nicht gerade in Spiellaune sind, stundenlang auf ihrem Menschen zu ruhen. Selbst im Schlaf ist dann noch ab und zu ein sanftes Schnurren zu hören. Da sie nicht nur den Kontakt mit ihrem Menschen liebt, sondern auch den Kontakt zu anderen Katzen oder Haustieren wird sie auch friedlich mit ein bis zwei anderen Katzen zusammen auf ihrem Schoss liegen. Natürlich ist es dann von Vorteil, wenn es sich auch bei den anderen Katzen um Thai- bzw. Siamkatzen handelt. Haben Sie neben ihrer Thaikatze Katzen einer anderen Rasse in ihrem Haushalt, so wird Ihre Thaikatze diese positiv

beeinflussen.
Spielen ist für die Thaikatze bis ins hohe Alter eine sehr wichtige Beschäftigung. Viele Spiele wird sie alleine oder mit ihren Artgenossen ausführen, das beste Spiel wird für die Thaikatze aber stets ein Spiel zusammen mit ihrem Besitzer sein. Fang- und Jagdspiele sind die absolute Nummer Eins auf der Liste dieser temperamentvollen Katzen.
Wenn sie dazu bereit sind, wird sie sich aber auch gerne auf Raufspiele mit Ihnen einlassen. Diese Art Spiele können sie natürlich von Anfang an unterbinden, falls Sie daran keinen Gefallen finden. Die intelligente Thaikatze begreift sogar, dass sie mit einer Person im Haushalt solche Spiele vollführen darf und mit einer anderen Person nicht.
In unserem Haushalt bin ich für diese kleinen Kampfspiele zuständig und ich kann versichern, dass ich noch niemals mehr als eine kleine versehentliche Schramme dadurch davon getragen habe. Es macht schon einen riesigen Spaß zu sehen wie geschickt die Katzen gegen ihren Scheingegner die Hand vorgehen. Im Gegensatz zum richtigen Kampf wird der Stoß mit den Hinterbeinen, wenn sie auf dem Rücken liegen nur angedeutet und rechtzeitig gestoppt. Sie wissen, dass das wegschieben zu diesem Zeitpunkt zum Spiel gehört und kommen unermüdlich zurück um erneut spielerisch „anzugreifen“.
Für die verspielte Thaikatze ist es natürlich sehr wichtig, dass mindestens eine zweite Katze im Haushalt lebt, drei halte ich persönlich allerdings für besser, sofern genügend Platz zum toben ist. Es ist immer wieder schön die sozialen Katzen bei ihren gemeinsamen Spielen

aber auch beim Kuscheln zu beobachten.
Eine weitere Eigenschaft der Thai- und Siamkatzen ist nicht bei allen Katzenliebhabern gleichermaßen beliebt.
Thaikatzen sind gesprächig. Andauernd haben sie etwas zu erzählen. Sind ihre menschlichen Partner zu sehr mit anderen Dingen beschäftigt, können sie dabei auch mal recht stimmgewaltig werden. Dann klingt ihre sonst recht angenehme Stimme schon mal recht schrill und zornig.
Besonders laut wird die Thaikatze allerdings während ihrer Rolligkeit. Schon aus diesem Grund gibt es kaum einen Züchter, der diese Katzen in einer Mietwohnung züchtet.
Auch potente Kater rufen manchmal recht lautstark in der Hoffnung von einer Katze erhört zu werden.
Der Halter von kastrierten Tieren wird seine Thaikatze zwar in der Regel sehr oft hören, aber in einer Stimmlage die eher als angenehm unterhaltend empfunden wird.
Gerade dieses Geplapper vermissen meist Menschen, die sich nach jahrelanger Siamkatzenhaltung nach deren Tod einer anderen Katzenrasse zugewandt haben. Viele bedauern dann auch oft, dass die neuen Katzen immer nur neben ihnen liegen und seltener auf den Schoss kommen. Ich kenne viele dieser Katzenliebhaber, die sich dann ein- bis zwei Jahre später dann doch wieder Thaikatzen oder Siamesen zusätzlich ins Haus geholt haben.
Thaikatzen sind in der Regel recht mutige Katzen. Auch nach kurzem Erschrecken gehen sie

dann wieder vorwärts auf die ihnen unbekannten Dinge zu.
Sie fühlen sich oft von Haushaltsgeräuschen weitaus weniger gestört als andere Katzen. Neugierig begleiten sie meist sogar den lärmenden Staubsauger oder greifen beim Abwasch ins Wasserbecken. Besonders in der Küche ist daher auch besonders darauf zu achten, dass jede Gefährdung der Katze ausgeschlossen ist. Der Mut der Thaikatze kann sie sonst sprichwörtlich in manch brennsliche Situation bringen.
Thaikatzen lieben es meist immer mitten im Geschehen zu sein. Selbst tobende Kinderscharen verschrecken sie nicht. Bei Kindergeburtstagen sollte man sie daher besser in Sicherheit bringen, damit sie nicht überrannt und getreten werden.

Bild folgende Seite:
Die Thaikatze liebt es immer und überall dabei zu sein

Erscheinungsbild

Die Points

Thaikatzen sind **Pointkatzen**.
Pointkatzen sind Katzen mit einem hellen Körperfell und dunkleren Abzeichen an den kälteren weniger durchbluteten Körperregionen.
Diese Regionen sind die Ohren der Schwanz, die Beine, beim Kater die Hoden und Teile des Gesichts.
Thaikatzen sind Teilalbinos. Dieser Teilalbinismus führt zur Entfärbung der großen Körperregionen und zu den wunderschönen blauen Augen der Thaikatze.
Für die Ausbildung der Farben ist das Melanin zuständig.
Bei Albinos ist die Melaninproduktion völlig ausgeschaltet. Das kommt bei vielen Tierarten vor. Diese Tiere haben dann rote Augen.
Bei den Teilalbinos ist die Melaninproduktion noch teilweise vorhanden. In diesem Bereich gibt es verschiedene Gene. Das Gen welches für die Siamfärbung verantwortlich ist führt nicht nur zu dem sehr hellen Körperfell der Thaikatze und deren Verwandten sondern auch zu den besonders intensiven blauen Augen. Ein ähnliches Gen ist für die Färbung der Burmesen verantwortlich, diese haben gelbe Augen und nur einen geringen Kontrast zwischen Körperfarbe und Points.
Alle Thaikatzen und Katzen die das Gen für die Siamfärbung aufweisen werden weiß

geboren. Als erwachsene Katzen weisen alle Thaikatzen mit Ausnahme der Foreign White, die ein rein weißes Fell hat, Points auf. Erst in der zweiten Lebenswoche beginnt sich der Schwanz leicht einzufärben. Völlig ausgefärbt sind die Katzen dann mit ca. einem Jahr. Daher werden bei Ausstellungen in der Jungendklasse noch kleinere Farbungenauigkeiten toleriert. Bei der erwachsenen Thaikatze müssen dann alle Points genau die gleiche Färbung aufweisen.

Körperform und Kopfform

Thaikatzen entsprechen in ihrer Körperform Siamkatzen, wie sie noch in den 60er Jahren gezüchtet worden sind.

Auch aus diesem Grund werden sie in anderen Ländern z. B. Als „Old Style Siamesen“ oder als „Traditionelle Siamesen“ bezeichnet.

Die Körperform dieser Katzen entspricht auf keinen Fall der Körperform von Hauskatzen. Bereits die ersten Siamkatzen die nach Europa kamen waren von schlanker und eleganter Gestalt mit einem kurz anliegendem Fell und einem marderähnlichen Kopf ohne Stopp. Diese Katzen unterschieden sich deutlich von allen anderen Katzenrassen.

Die Thaikatze sollte mittelgroß sein mit einem geschmeidigen anmutigen Körper. Der Körper sollte weder extrem schlank noch pummelig wirken und gut muskulös sein.

Der Bauch bildet eine gerade waagerechte Linie.ein wenig lose Haut unterhalb der Flanke ist allerdings zulässig.

Der Kopf ist auch bei der Thai keilförmig und nicht rund, jedoch ist es ein gemäßigter Keil mit sanften Rundungen. Der Oberkopf ist seitlich gerundet.Das Profil hat oberhalb des Auges eine sehr leichte konvexe Rundung und unterhalb des Auges eine leicht konkave Rundung und wirkt fast gerade. Die Schnauze ist seitlich gerundet. Sie ist mittelstark und verjüngt sich zur Nase hin ohne Einbuchtungen. Nasenspiegel und Kinn sollten eine gerade Linie bilden, das Kinn darf weder fliehend noch vorstehend sein.

Thaikatzen sollten eine kräftige Brust aufweisen.

Die Beine sind muskulöser und kräftiger als die dünnen schlanken Beine der heutigen Siamkatze.

Der Hals der Thaikatze darf weder dünn noch extrem bemuskelt wirken und muss von mittlerer Länge sein.

Die mittelgroßen bis großen Ohren der Thaikatze sind schräg nach außen gestellt und beginnen von der Mitte aus gesehen über dem Mittelpunk der Augen, der äußere Ansatz liegt nicht so tief, wie es bei modernen Siamesen oft der Fall ist, deren Ohren dadurch teilweise extrem groß wirken. Die Ohrspitze der Thaikatze ist gerundet.

Besonders die Augenform der Thaikatze unterscheidet sich deutlich von einigen der heute extrem gezüchteten Siamesen.

Leider liegen bei einigen sehr extrem gezüchteten Siamkatzen die Augen so tief in der Augenhöhle, dass man kaum noch auf ihr schönes strahlendes Blau aufmerksam wird.

Bei der Thaikatze hingegen ist das tiefblaue strahlende Auge kaum übersehbar.
Es ist groß und mandelförmig aber trotzdem gerundet. Es darf auf keinen Fall dem heutigen orientalischen Standard entsprechen. Denkt man sich eine Linie vom inneren zum äußeren Augenrand so führt diese Linie zum äußeren Ohrenrand.

Farben

Seal Point

Alle Farben, die es bei der Siamkatze gibt kommen auch bei der Thaikatze vor.
So ist auch hier die Seal Point die bekannteste Färbung.
Der Körper hat ein helles cremefarbenes Weiß
Die Points sind kräftig schwarzbraun gefärbt.
Nase und Fußballen sind kräftig schwarzbraun ohne Flecken.
Die Augen weisen ein dunkles intensives siamblau auf.
Diese Farbe besticht besonders durch ihren starken Kontrast., der allerdings im Alter durch Nachdunkeln der Körperpartien geringer wird. (Bild Seite 24 rechts)

Chocolate Point

Katzen dieser Farbe wirken insgesamt heller als die seal point farbigen. Die weiße Grundfarbe wirkt noch strahlender. Die Points haben die Farbe von Milchschokolade, Nasenspiegel und Ballen sind zimtbraun. Meist dunkeln die Katzen dieser Farbe weit aus langsamer nach. Die Farbe wird gegenüber seal point rezessiv vererbt.

Blue Point

Die Farbe blue point ist eine Verdünnungsform der Farbe seal point.
Auf weißem Grund befinden sich graue Points mit einem Anflug von Blau.
Die Ballen und der Nasenspiegel sind schiefergrau. (Bild nächste Seite)

Lilac Point

Lilac point ist die Verdünnung von chocolate point. Daher ist auch lilac point rezessiv gegenüber blue point. Der Körper dieser Katzen ist strahlend weiß. Die Points sind sehr zart grau mit fliederfarbenem Schimmer. Nasenspiegel und Ballen sind zart grau mit rosafarbenem Schimmer. (Bild Seite 28)

Red Point

Orange rötliche Points befinden sich auf strahlend weißem Grund.
Diese Farbe nimmt eine Sonderstellung ein, da sie geschlechtsgebunden vererbt wird. Sie kommt bei beiderlei Geschlecht vor, wird aber auf unterschiedlichem Weg vererbt.
Katzen bekommen diese Farbe nur, wenn der Vater red point ist und die Mutter tortie point. .Ein Kater kann die Farbe red point unabhängig von der Farbe seines Vaters aufweisen, wenn die Mutter tortie point ist.

Cream Point

Hier handelt es sich um die Verdünnung von Red Point. Die Abzeichen sind entsprechend heller und haben einen leicht aprikosenfarbigen Hauch. Da es sich um die Verdünnungsfarbe von red point handelt, gelten hier natürlich die gleichen Vererbungsregeln. (Bild Seite 29)

Lilac point

Cream point

Tabby Point

Alle hier beschriebenen Farben kommen auch als Tabby Point vor.
Dies bezeichnet ein Streifenmuster innerhalb der Points.
Ein auffälliges Merkmal dieser Katzen ist das charakteristische „M“ auf der Stirn.
Bei anderen Katzenrassen kann man verschiedene Tabbymuster unterscheiden. Da dieser Unterschied jedoch auf den großen Körperpartien zu finden wäre, können wir bei Pointkatzen dies unterschiedlichen Muster nicht finden. (Bild Seite 31 links)

Tortie Point

Diese Färbung kommt in der Regel nur bei weiblichen Tieren vor.
Diese Farbe entspricht der Schildpatt Färbung der Katzenrassen ohne Points. Die Katzen dieser Farbe weisen in den Points orange getönte Flecken auf. Auch die Ballen und die Nase kann gefleckt sein. Jedes weibliche Kitten eines Red- oder Cream Point Katers weisst diese Farbe auf. Kommt zusätzlich hier noch eine tabby Zeichnung hinzu wird das entstandene Muster als tabby tortie oder als torbie bezeichnet. Bei diesen Katzen sind die Flecken meist erst bei näherem Hinsehen auffällig. Auch fällt bei den hellen Farben tortie nicht ganz so auf. Besonders lilac tortie sieht aus der Entfernung meist wie lilac aus.
(Bild Seite 31 rechts)

Das Fell

Das Fell einer Thaikatze soll eng am Körper anliegen. Es darf ein klein wenig Unterwolle

besitzen und muss nicht ganz so eng liegen wie es bei der Siamkatze der Fall ist.

Für wen ist eine Thaikatze die geeignete Katze

In vielen Katzenbüchern liest man, das Siamkatzen oder Thaikatzen nicht für Anfänger in der Katzenhaltung geeignet sind.
Dieser Aussage kann ich auf keinen Fall zustimmen.
Durch ihr offenes freundliches Wesen sind Thaikatzen schnell in der Lage auch Personen die Katzen gegenüber eher skeptisch sind zu beeindrucken.
Durch ihre hohe Intelligenz passen sie sich schneller als jede andere Katzenrasse ihrer Umwelt an.
Das wichtigste für die Thaikatze ist, dass Sie genügend Zeit für Ihre Katze aufbringen können. Das ist aber keine Frage der Erfahrung mit Katzen, sondern eine Frage ob Sie tatsächlich dies Zeit haben und auch die Bereitschaft diese Zeit mit ihrer Katze voll und ganz zu teilen.
Soll eine Katze nur da sein und ab und zu bewundert werden ist die Thaikatze mit Sicherheit die falsche Wahl.
Auch sollten Menschen mit sehr hohem Ruhebedürfnis sich lieber für eine andere Katzenrasse entscheiden.
Wenn Ihnen Thaikatzen optisch einfach nicht gefallen, werden sie ohnehin nicht auf die Idee kommen sich eine derartige Katze anzuschaffen.
Das sind nun eigentlich schon die einzigen Gründe, die gegen die Anschaffung einer

Thaikatze sprechen könnten.
Natürlich gibt es noch wichtige Überlegung die unabhängig von der Rasse vor der Anschaffung eines jeden Haustieres stehen. Die soziale Betreuung des Tieres muss sicher gestellt sein. Kann das Tier im Urlaub versorgt werden. Sind die finanziellen Voraussetzungen vorhanden das Tier gut ernähren und ärztlich versorgen zu können?
Bei Katzen kommt zum Futter noch der Kauf von Katzenstreu und die Entsorgung der Streu hinzu. Spielzeug, Klettermöglichkeiten und Kratzstellen werden gebraucht.
Ist in der Wohnung Katzenhaltung erlaubt, können sie eventuelle Beschädigungen an der Einrichtung der Wohnung verkraften?
Spricht also nichts gegen die Anschaffung einer Katze, so ist auch für den Erstkatzenbesitzer die Anschaffung einer Thaikatze durchaus empfehlenswert.
Wenn Sie noch keine Katze besitzen sollten Sie sich auf jeden Fall zwei Kätzchen anschaffen. Ideal sind natürlich Wurfgeschwister oder Kitten die im gleichen Haus aufgewachsen sind. Auch bei Züchtern die nur zwei bis drei Würfe im Jahr haben ist es durchaus möglich, dass diese Würfe sehr zeitnah zueinander stattgefunden haben.
Es ist dann genau so interessant Kitten aus zwei verschiedenen Würfen zu sich nach Hause zu holen.
Sind Sie berufstätig und wollen auf keinen Fall zwei Katzen aufnehmen, so ist eine Thaikatze für Sie nicht die geeignete Katze, da eine sich ständig langweilende Thaikatze

durchaus unangenehme Eigenschaften entwickeln kann.
Eventuell können Sie dann aber auch einer älteren Katze, die auf Grund schlechter Erfahrungen nicht zu anderen Katzen kommen soll und die vielleicht etwas weniger Kontakt sucht, ein schönes Zuhause bieten.
Besonders gut geeignet sind Thaikatzen und Siamesen auch für alle die Hund und Katze gleichermaßen lieben oder auch für Menschen die noch eine Reihe anderer Haustiere haben. Thaikatzen kann man eigentlich an jedes andere Haustier gewöhnen.
Zwischen Hunden und Thaikatzen können richtig gute Freundschaften entstehen. Ich habe auch schon erwachsene Thaikatzen, die noch keinen Hund gewöhnt waren mit einem erwachsenen Hund zusammengeführt. Dadurch, dass die Katze neugierig auf den Hund zugeht, wird bei diesem der Jagdtrieb nicht ausgelöst.
Wer darüber lächeln kann, wenn sich die Katze auf seine Zeitung setzt, weil sie jetzt gerade etwas ganz wichtiges mitzuteilen hat, wer das Löchern einer Buchecke des gerade gelesenen Buches damit entschuldigt, die Katze hätte ihm nur ersparen wollen ein Lesezeichen zu suchen, der ist mit Sicherheit der ideale Thai- oder Siamkatzenbesitzer.

Wie bekomme ich eine Thaikatze

Sie sind von dem einzigartigen Charakter und vom Aussehen der Thaikatze fasziniert und sind nun entschlossen eine Thaikatze zu adoptieren.
Vielleicht haben Sie schon ganz konkrete Vorstellung wie Ihre zukünftige Katze aussehen soll, welches Geschlecht sie haben soll und ob es ein Kitten, ein Jungtier oder eine erwachsenes Tier sein soll.
Erwachsene Tiere finden sie oft über ein Zeitungsinserat, auf einer Züchterseite oder manchmal auch im Tierheim, wenn z.B. der Vorbesitzer ins Altenheim gekommen ist und die Angehörigen die Katze nicht aufnehmen wollten.
Tiere aus sogenannten Auffangstationen im Ausland sind in der Regel keine echten Thaikatzen und haben daher einen nicht vorhersehbaren Charakter.
Sie sind eher für Menschen geeignet, die auf den besonderen Charakter der Thaikatzen keinen so großen Wert legen.
Eine gute Suchmöglichkeit für die Anschaffung eines Kittens ist das Internet.
Hier sollten sie weniger an die gängigen Inseratsseiten denken als vielmehr direkt mit der Suchmaschine z.B. Google nach Züchtern suchen. Auch wenn Sie diese Art der Suche natürlich auch zu Züchtern, die zur Zeit keine Jungtiere haben, führt. Vielleicht finden Sie Elterntiere und Zuchten, die Ihnen so gut gefallen, dass Sie lieber dort auf ein Kitten warten

als sofort eines anzuschaffen bei dem Sie dann Kompromisse eingehen. .
Auch wenn Sie selber keinen Internetanschluss haben können Sie ja eventuell einen Bekannten bitten mit Ihnen im Internet zu suchen.
Haben Sie dazu keine Möglichkeit sollten Sie sich eine Fachzeitschrift für Katzen holen. Thaikatzen werden nicht so häufig gezüchtet, dass Sie sich darauf verlassen können, dass irgendwann welche in Ihrer Tageszeitung angeboten werden.
Egal wie Sie auf die Suche gehen, Sie sollten nur ein Kätzchen mit gesicherter Abstammung auswählen. Ein erfahrener Züchter wird nicht nur das passende Kitten für Sie haben, Sie werden dort auch wertvolle Ratschläge erhalten.
Bei der Suche nach einem Thaikitten sollten Sie auch nach Züchtern von Siamkitten oder Balinesen Ausschau halten, denn auch auf deren Seite entdecken Sie vielleicht ein Kätzchen im Typ einer Thaikatze.
Nicht jeder Thaikatzenzüchter identifiziert sich mit dem Begriff Thai und so ist auch bei Thaikatzenzüchtern in mancher Webseitenüberschrift von Siamesen die Rede.
Vielleicht gefallen Ihnen ja auch Balinesen, die im traditionellen Aussehen gezüchtet sind. Suchen sie also nach den Begriffen Thaikatze, Siamkatze, Siamese und Balinese, wenn Sie nach einer Züchterhomepage suchen.

Die Qual der Wahl

Wenn Sie nun einen Züchter gefunden haben, werden Sie sich nun fragen ob Sie sich lieber ein Kätzchen oder einen Kater anschaffen und welche Farbe ihr künftiges Kätzchen haben soll.

Wenn Sie später nicht züchten wollen werden Sie das Kätzchen ohnehin später kastrieren lassen.

Im Wesen unterscheiden sich die Geschlechter bei der Thaikatze kaum.

Einige Thaikatzenbesitzer schwören darauf, dass Kater liebevoller sind, andere hingegen sagen das Gleiche über die weiblichen Tieren.

Auch ob die Farbe maßgeblich den Charakter beeinflusst ist sowohl bei Liebhabern als auch bei Züchtern umstritten.

Der Kater wirkt etwas kräftiger als die Katze.

Die Figur der Katze verstärkt noch das anmutige Erscheinungsbild dieser Rasse.

Auch bei der Anschaffung von zwei Katzen teilen sich die Ansichten ob man gleichgeschlechtliche Tiere oder ein gemischtes Pärchen wählen sollte.

Es ist daher auf keinen Fall ein Fehler sich nicht von vorne herein festzulegen, sondern einfach das oder die Kitten auszuwählen, welche einem am besten gefallen und denen auch Sie sympathisch sind.

Ihr Thaikitten oder die Thaigeschwister ziehen ein

Wenn Ihre Thaikitten einziehen, sollten sie mindestens 13 Wochen alt sein.
Zu diesem Zeitpunkt sind sie bereits zwei mal geimpft und sind mehrfach entwurmt worden. Ein etwas höheres Alter ist aber durchaus wünschenswert. Gerade die drei oder vier Monate alte Thaikatze lernt sehr viel von ihrer Mutter. Diese erzieht in der Zeit ihre Kitten besser als wir Menschen es tun könnten. Mal wirkt die Mutter auf uns eher autoritär, dann wieder sind wir verwundert, was die Kitten alles mit ihrer Mutter veranstalten dürfen. Da muss Mutters Schwanz schon mal als Jagdbeute herhalten und die Mutter wird mit voller Kraft gerempelt. Alles dies ist Training für einen späteren Jäger oder eine Jägerin, die sich auch im Kampf durchsetzen kann.
Kommt Ihr Kitten also in dieser Phase zu Ihnen ist es Ihre Aufgabe mit Ihrem Kätzchen zu spielen. Spielen ist Lernen für Ihre Katze. So werden Sie zu Ihrem Trainingspartner und Sie müssen im Spiel klare Grenzen setzen.
Für jedes Kitten sollten Sie schon vorher eine Katzentoilette und das Einstreu dafür besorgt haben.
Fragen Sie am besten vorher den Züchter, welche Toilettenform und welches Streu er verwendet hat. Umstellen können sie später immer noch.
Es gibt klumpendes und nicht klumpendes Streu aus Bentonit, Holzstreu, Streu aus Papier und Streu aus gepresstem Heu oder Stroh.
Viele Thaikatzen bevorzugen große Katzentoiletten ohne Deckel und Klapptür.

Im Laufe der Jahre habe ich die Erfahrung gemacht, dass es wesentlich geeignetere Kästen für die Katzentoilette gibt als die im Handel als Katzentoilette angebotenen.
Eine höhere, größere und lebensmittelechte Kiste ist da viel praktischer.
Höher, weil gerade Thaikatzen sehr kräftig scharren und ansonsten alles heraus werfen, groß, weil sie ungern den Rand berühren und auch gerne mal zu zweit auf die Toilette gehen und lebensmittelecht, weil diese Kästen nicht vom Katzenurin angegriffen werden und dadurch sehr leicht zu reinigen sind.
Wenn Sie die Futter und Wassernäpfe für Ihre Thaikätzchen besorgen sollten Sie Porzellan oder Glas bevorzugen. Die Näpfe müssen so groß sein, dass die Katzen sich nicht ihre Schnurrbarthaare stoßen. Im Handel werden leider immer noch viel zu kleine Näpfe angeboten. Auch wenn Sie einen Trinkbrunnen besorgt haben sollten Sie noch einen Wassernapf zusätzlich besorgen. Trinken ist derartig wichtig, dass man ruhig einen Napf mehr aufstellen kann um das Trinken zu fördern.
Spielen ist für Ihre Kitten genau so wichtig wie essen und trinken.
Tischtennisbälle sind sehr beliebt, weil sie so schön springen, Katzenangeln sind für das gemeinsame spielen sehr wichtig, mit größeren Stoffmäusen können sich die Kitten auch mal alleine beschäftigen. Im Zoohandel gibt es allerlei Spiele die auch für eine Beschäftigung alleine sehr gut taugen.
Fellmäuse sind nicht so empfehlenswert, da die Katzen oft Fellteilchen verschlucken.

Kein Spielzeug darf so klein sein, dass die Katze es verschlucken kann.
Das berühmte Wollknäuel ist für Katzen völlig ungeeignet, da die Fäden herunter gekaut werden können, was verheerende Folgen haben kann.
Für eine Kuschelhöhle oder ein Körbchen sollten Sie nicht zu viel investieren, wahrscheinlich sucht sich Ihre Katze einen ganz anderen Schlafplatz. Eine Decke um ihr einen bestimmten Platz auf dem Sofa zuzuweisen ist auf jeden Fall nützlich für die Zeiten wenn Sie nicht im Haus sind oder zu tun haben. Wenn Sie da sind wird Ihre Thaikatze ohnehin auf Ihnen oder ganz eng an Sie geschmiegt Platz nehmen.
Wenn Sie es ihr erlauben wird sie auch in Ihrem Bett schlafen und sich an Sie schmiegen.
Wichtiger als ein Körbchen sind Kratzmöglichkeiten, idealerweise ein Kratz und Kletterbaum. Hier sollten Sie nicht sparen. Praktisch sind auch zusätzliche Eckenkratzbrettchen. Billige Kratzbäume bestehen innen aus Pappe und das Sisal löst sich sehr leicht. Bei einem hohen mit Deckenverspannung kann das regelrecht gefährlich werden, dann nämlich wenn die Katzen während Ihrer Abwesenheit erst das Sisal entfernt haben und die Pappröhre beschädigt haben, was dann unweigerlich zum Einsturz des Kratzbaumes führt. Thaikatzen lieben es bis hinauf unter die Decke zu klettern.
Für die Heimfahrt vom Züchter und für spätere Tierarztbesuche benötigen Sie unbedingt einen Katzentransportkorb. Auch wenn ich ansonsten natürliche Materialien bevorzuge kann ich in diesem Fall nur zu einem guten Transporter aus Kunststoff raten. Ich habe schon

Katzen erlebt, die die Tür aus einem Weidentransportkorb einfach ausgebaut haben. oder die sich in bei so einem Korb zwischen Tür und Türöffnung eingeklemmt haben.
Bereits ein paar Tage bevor Sie das oder die Kätzchen abholen sollten Sie sich den Futterplan vom Züchter schicken lassen, damit Sie das richtige Futter besorgen können. Genau wie beim Streu sollten Futterumstellungen nicht sofort vorgenommen werden. Füttern Sie also Ihre Thaikatzen auf jeden Fall in der ersten Zeit nach Angaben des Züchters. Mit der Wasserumstellung und der Veränderung seines Lebensraumes hat Ihr Kätzchen schon genug zu verkraften.
Wenn Sie alles notwendige für die junge Thaikatze besorgt haben, sollten Sie noch mal Ihre Wohnung nach Gefahrenquellen anschauen.
Haben Sie irgendwelche giftigen Zimmerpflanzen müssen diese vorher entfernt werden. Verlassen Sie sich dabei nicht auf irgendwelche Listen, auf der vielleicht gerade Ihre Zimmerpflanze vergessen wurde. Erkundigen Sie sich lieber über die speziellen in Ihrem Haushalt befindlichen Pflanzen.
Stellen Sie für Ihre Katze ein Töpfchen mit Katzengras auf. Es ist nicht unbedingt erforderlich, es gibt auch Pasten, die den Abtransport verschluckter Haare aus dem Verdauungstrakt Ihrer Katze bewirken, es bring aber wieder etwas Grün in Ihre Wohnung.
Kleine Gegenstände, die das Kätzchen verschlucken kann müssen in Schubfächer, es darf nichts vorhanden sein, wo sie sich verkeilen oder einklemmen kann und bei zwei Katzen

darf nichts so stehen, dass es ein Kätzchen dem anderes auf den Kopf werfen kann. Nähzeug gehört unbedingt unter Verschluss.
Wenn dass Kätzchen erst mal im Haus ist dürfen sie ihre Fenster nicht mehr auf kipp stellen. Die neugierige Thaikatze kann ihren Kopf in den Spalt stecken und sich beim herunter rutschen dann erwürgen.

Die Ernährung der Thaikatze

Bei der Ernährung der Thaikatze haben Sie die Wahl zwischen im Handel befindlichen Trockenfuttersorten, Feuchtfutter aus Dosen, Schälchen oder Beutel sowie der eigenen Zubereitung aus Fleisch und Zusatzstoffen.
Eine Fütterung mit vorwiegend rohem Fleisch bezeichnet man im allgemeinen als Barfen. Damit bei dieser Ernährungsform keine Mangelerscheinungen auftreten benötigt man hierzu sehr gute Kenntnisse über den Nährstoffbedarf der Katzen. Hierzu sei das Buch „Katzen würden Mäuse kaufen“ empfohlen.
Das Barfen ist sehr Zeitaufwendig. Es sind fundierte Kenntnisse über Mineralstoffe und Vitamine nötig. Auf eine ausreichende Versorgung mit allen Nährstoffen muss sehr genau geachtet werden.
Füttert man nur ein bis zwei mal in der Woche Frischfleisch ist das Risiko einer Unterversorgung mit bestimmten erforderlichen Bestandteilen in der Ernährung weit aus

geringer. Roh zu verfütterndes Fleisch sollte dem Standard für die menschliche Ernährung entsprechen. Gutes Muskelfleisch vom Rind oder Schaf sowie Geflügel wird gern genommen. Das Fleisch sollte in kleine Würfel geschnitten werden.
Rohfleischfütterung ist bei Thaikatzen nicht unbedingt erforderlich. Der Anstieg dieser Fütterungsform geht einher mit der Zunahme der Katzenrassen mit Wildtiereinkreuzungen. Diese Rassen sind vor allem in der ersten Generation weit mehr an die Fütterung mit rohem Fleisch gewöhnt.
Fisch sollte maximal einmal in der Woche auf dem Speiseplan stehen. Fettfische liefern wichtige Öle, Ersatzweise kann man auch den Inhalt einer Lachsölkapsel einmal in der Woche über das Futter geben. Zusätzlich kann man auch noch einmal in der Woche einen kleinen Teelöffel Butter als nützliche Nascherei anbieten.
Die als Premiumfutter bezeichneten Futtersorten im Handel sind eine einfache Möglichkeit seine Katze nährstoffgerecht zu ernähren.
Eine gelegentliche Zusatzfütterung mit Fleisch wird aber von den meisten Katzen als Bereicherung ihres Speiseplans gerne angenommen.
Auf keinen Fall darf rohes Schweinefleisch verfüttert werden. Hier besteht Lebensgefahr für die Katze.
In Schweinefleisch können Erreger der Aujetzky enthalten sein. Eine Infektion mit diesem Erreger verläuft immer tödlich. Volkstümlich wird diese Krankheit auch Schweinepest

genannt. Da der Erreger für den Menschen nicht gefährlich werden kann besteht die Möglichkeit, dass er im Schweinefleisch vorhanden ist. Er wird zwar durch sehr hohe Temperaturen abgetötet, jedoch besteht z.B. bei der Zubereitung von Koteletts immer die Möglichkeit, dass das Fleisch in Knochennähe nicht ganz durch ist. Daher dürfen Sie diese auf keinen Fall Ihrer Katze zum Spielen und Abknabbern zur Verfügung stellen. Trockenfutter hat den Vorteil einer längeren Haltbarkeit und kann gut bevorratet werden. Ein Nachteil dieses Futters ist der geringe Wassergehalt.

Frisches Wasser muss bei allen Fütterungsarten ständig zur Verfügung stehen.

Wichtig ist, dass die Katze auch wirklich genügend Wasser zu sich nimmt. Bei einer Fütterung mit Trockenfutter ist ein Trinkbrunnen, der zum Trinken anregt, sehr hilfreich. Ich persönlich bevorzuge hier die etwas höherwertigen Keramikbrunnen, die speziell für Katzen entwickelt wurden. Sie sind leichter zu reinigen als entsprechende Konstruktionen aus Kunststoff. Auch bei der Auswahl der Futternäpfe sollte man auf die Materialien achten. Katzen haben einen sehr feinen Geschmackssinn. Ich habe die Erfahrung gemacht, dass das gleiche Futter aus einem Porzellannapf lieber genommen wird als aus einer Plastikschüssel. Katzen vertragen keine Kuhmilch. Kuhmilch führt bei Katzen zu Durchfall. Die im Handel angebotene Milch für Katzen ist kein Ersatz für Wasser, bestenfalls ist sie eine Leckerei. Der Handel bietet eine Menge Leckereien für Katzen an. Da sie oft vitaminisiert sind, sollten die Angaben über die maximale Gabe befolgt werden.

Erlaubte Leckereien vom eigenen Speisezettel sind 40prozentiger Quark, Frischkäse und einmal in der Woche auch ein Teelöffel Butter.

Bei der Auswahl des Trockenfutters ist es auf jeden Fall lohnend ein hochwertiges Futter auszuwählen. Billigfutter haben einen viel zu hohen Getreideanteil. Vielen Katzen schmeckt das billige Futter, weil es Zucker enthält. Wie gerne die Katze ein Futter frisst ist also kein eindeutiges Merkmal für eine gute Qualität. Das studieren der Inhaltsangaben auf den Packungen ist da schon nützlicher. Hier sollte man auch nur Produkte mit einer genauen Deklaration wählen.

Nassfutter gibt es in einer riesigen Auswahl. Es hat den Vorteil, dass es, vorausgesetzt es ist ein gutes Produkt, näher an der natürlichen Ernährung der Katze ist.

Der hohe Wasseranteil sorgt nicht nur für eine Grundversorgung mit Feuchtigkeit, die Katze muss auch ein höheres Volumen an Nahrung zu sich nehmen. Dadurch kann die Katze diese Art Nahrung sehr gut verdauen. Nassfutter führt seltener zu Übergewicht.

Übergewicht ist jedoch ein bei Thaikatzen recht seltenes Problem.

Leider wird gerade im Bereich des Nassfutters recht viel Futter mir ziemlich unsinniger Zusammensetzung angeboten. Viele Sorten enthalten viel zu wenig Fleisch, oder Fleisch aus Schlachtabfällen. Hier sollte man auf die Angabe in % für verarbeitetes Frischfleisch achten. Muskelfleisch hat seinen Preis. Ein extrem billige Futter kann schon aus diesem Grund keine gute Zusammensetzung haben.

Feuchtfutterreste gehören in den Müll. Die Katze darf auf keinen Fall altes Nassfutter fressen.
Hundefutter ist für Katzen völlig ungeeignet. Umgekehrt ist auch Katzenfutter für den Hund nicht sehr verträglich. Eine mit Feuchtnahrung gefütterte Thaikatze wird das Hundefutter vermutlich von sich aus nicht als Ernährung in Betracht ziehen.
Anders verhält es sich wenn die Katze mit Trockenfutter ernährt wird und der Hund Feuchtfutter erhält. In diesem Fall muss man den Hund in einem anderen Raum füttern. Für das Katzenfutter kann man einen kleinen Serviertisch anschaffen oder es auf eine Kommode stellen, damit der Hund nicht heran kommt.
Die heranwachsende Katze muss noch mindestens vier mal am Tag gefüttert werden. Bei reiner Fütterung mit Trockenfutter kann dieses auch ständig zur Verfügung stehen. Auch Trockenfutterreste können verunreinigen und müssen entsorgt werden.
Auch die Näpfe für das Trockenfutter müssen täglich gereinigt werden.
Kaufen sie keine zu großen Gebinde. Nach dem Öffnen gehen die Vitamine verloren.

Therapeutin auf vier Beinen

Mit einer Thaikatze zieht das Lachen in Ihr Haus ein – und Lachen ist bekanntlich gesund. Eine Thaikatze liebt es, wenn Ihr Mensch fröhlich ist. Schnell wird sie lernen womit sie ihrem Menschen Freude bereitet.
Katzen werden von vielen als äußerst egoistische Wesen angesehen.
Wer das so sehen will, wird dann eben der Meinung sein, dass die Thaikatze lieber mit einem fröhlichen Menschen zusammen lebt und ihn nur deswegen tröstet und zum Lachen bring.
Ist der Besitzer einer Thaikatze traurig, kann er ihr manchmal das schönste Futter servieren, sie wird keinen Appetit haben.
Irgendetwas muss sie sich einfallen lassen, damit ihr Mensch von seiner Trauer abgelenkt wird. Über die Jahre hat sie ja ihren Menschen besser und besser kennen gelernt und weiß worauf er wie reagiert.
Viele Thaikatzen haben ein großes Repertoire an Späßen oder Turnübungen mit welchen sie gerne die Aufmerksamkeit ihrer menschlichen Mitbewohner erlangen.
Meist platzieren sie sich sogar wenn sie schlafen so, dass wir sie beobachten können.
Sie strahlen dann Ruhe, Zufriedenheit und Behaglichkeit aus. Diese Gelassenheit der Katze kann durchaus etwas ansteckendes haben.
Wenn sie sich auf unseren Schoss legen und schnurren schaffen sie es oft Nervosität oder Anspannung bei ihrem Menschen zu verjagen.

Diese Tatsache ist durch Blutdruck und Pulsmessungen nachgewiesen worden.
Viele Thaikatzenbesitzer führen regelrechte Gespräche mit ihrer Katze. Allein lebende Menschen fühlen sich mit Thaikatzen im Haus weniger allein. Hier ist die Gesprächigkeit von ganz besonderem Vorteil, da diese Katzen nicht nur stille Zuhörer sind. Nicht nur direkt wirkt sich der Besitz von Thaikatzen positiv auf alleine lebende ältere Menschen aus. Bei einigen kommen einfach die Enkelkinder häufiger zu Besuch, weil sie die Katzen so gerne mögen.
Es ist nicht verwunderlich, dass Thaikatzen bzw. Siamkatzen in vielen Ländern als Therapiekatzen eingesetzt werden. Manchmal sind es Therapeuten die zu Besuchen im Altersheim eine Thaikatze mitnehmen, manchmal sind es auch freiwillige Helfer die solch einen Besuchsdienst ins Leben gerufen haben.
Sicher wird nicht jede Thaikatze für solche Besuche geeignet sein. Nur wenn sie von Anfang an viel Kontakt zu verschiedenen Menschen hatte wird sie selber Freude an solcher Beschäftigung haben.
Nur wenn die Katze selber Freude an dieser Betätigung hat, kann sie die Freude auch weiter geben. Unbedingt muss das Befinden der Katze im Vordergrund stehen. Sie darf auf keinen Fall überfordert werden. Will die Katze weder Schmusen noch Spielen, so sollte man sie auf keinen Fall dazu drängen. Wird sie hierbei überfordert könnte es leicht sein, dass sie sich in Zukunft überhaupt nicht mehr auf diese Aufgabe einlässt.

Wer solche Katzen einmal beobachten kann wird erstaunt sein, wie gut sie sich auf den jeweiligen Menschen einstellen können. Schnurrend liegen sie neben einem in seiner Bewegung stark eingeschränkten Menschen. Freudig laufen sie hinter dem Bällchen her, welches die Beweglicheren geworfen haben. Sie animieren zur Bewegung.
Sollten Sie selber Interesse haben mit Ihrer Katze in dieser Form tätig zu werden, so sollte dies meiner Meinung nach höchstens an zwei Wochentagen erfolgen. Das Spiel in ihrem eigenen Heim mit ihren eigenen Menschen darf auf keinen Fall deswegen vernachlässigt werden.
Hier ist auch das Äußere der Thaikatze von besonderem Vorteil. Auf die meisten Menschen wirkt sie einfach freundlicher als die moderne Siamkatze, die ansonsten ihrem Wesen nach die gleichen Qualitäten hat. Ihre großen Augen wirken selbst bei der erwachsenen Katze noch kindlich. Die Farbe der Thaikatzen und Siamesen lässt sofort erkennen, dass es sich nicht um eine Straßenkatze handelt. Dadurch wecken sie auch Vertrauen bei Menschen die mit anderen Katzen schlechte Erfahrungen gemacht haben.
Auch auf Kinder die Probleme haben, haben Thaikatzen oft noch positivere Auswirkungen als andere Katzenrassen. Sie sind weit aus häufiger bereit sich auf ein Spiel einzulassen, suchen stärker die körperliche Nähe und sie lernen leicht. Durch ihre Neugier wird auch jedes neue Spielzeug im Kinderzimmer unter Augenschein genommen. Daher sehen sie die Thaikatze im Haus als Freund und Kumpel an.

Kinder empfinden dies als Beteiligung an ihrem Spiel. Für Kinder ist es auch wichtig, dass die Thaikatze, anders als viele Hauskatzen, ausschließlich in Haus und Garten gehalten wird. Das bedeutet sie ist immer da, wenn sie von der Schule kommen.
Auch der Ordnungssinn eines Kindes kann durch das Vorhandensein von Thaikatzen gefördert werden. Durch ihren enormen Spieltrieb wird alles was liegen bleibt schnell mit den Pfoten unter Kommoden oder in sonstige Verstecke hinein gespielt.
So verschwinden ganze Inhalte des Federmäppchens und wenn die Jüngsten in der Familie mal richtig suchen mussten, wird beim nächsten mal vielleicht doch besser alles gleich an seinen Platz getan.
Wohnt die Thaikatze im Zimmer des Kindes wird sie durch sanftes Schnurren eine gute Einschlafhilfe sein.
Letztendlich hat jeder der eine Thaikatze hält, ob jung oder alt ein nicht enden wollendes Gesprächsthema. Völlig Fremde unterhalten sich bestens miteinander, wenn zufällig das Gespräch auf ihre Katzen kommt. .

Besondere Ereignisse

Thaikatzen haben ein besonders großes Vertrauen zu ihren Menschen. So ist sogar das Reinigen in einem Handwaschbecken selbst bei laufendem Wasserhahn für viele von ihnen

keinerlei Problem.
Auch die Eingabe von Tabletten, z. B bei der Entwurmung stellt selten ein Problem dar und sollte direkt in das durch sanftes Festhalten des Ohres zu öffnende Mäulchen erfolgen. Verstecken im Futter birgt immer ein Risiko einer Unterdosierung in sich.
Eine behutsam daran gewöhnte Thaikatze wird dabei weder versuchen Sie zu kratzen noch wird sie beißen. Allenfalls wird sie versuchen die Hand mit der Pfote weg zu drücken..Die Tablette muss weit nach hinten auf die Zunge gelegt werden. Bleiben Sie konsequent.

Urlaub mit oder ohne Thaikatze

Da die Thaikatze den engen Kontakt mir ihrem Besitzer so sehr liebt, wird sie Sie auch gerne auf einer Reise begleiten. Die meisten Thaikatzen vertragen sowohl eine Autofahrt als auch eine Reise mit der Bahn hervorragend.
Natürlich muss immer darauf geachtet werden, dass die Katze nirgends Zugluft ausgesetzt wird. Center Parcs oder Ferienwohnungen sind für einen Urlaub mit Katzen bestens geeignet, da hier kein Zimmermädchen die Katze versehentlich aus dem Zimmer heraus lassen kann. Selbstverständlich sollten sie bei Ausflügen ohne die Katze nicht länger ununterbrochen fort sein als es Ihre Katze von zu Hause gewöhnt ist.
Planen Sie einen Urlaub ohne Katze so sollten Sie rechtzeitig nach einem Catsitter oder nach einer geeigneten Unterbringung für Ihre Katze Ausschau halten.

Eine Massenunterbringung in einem Tierheim birgt unnötige gesundheitliche Risiken für die Katze.
Sie sollten auf jeden Fall darauf bestehen, dass Ihre Katze keinen Kontakt mit fremden Katzen bekommt.
Schön ist es, wenn sie jemanden haben, der zweimal am Tag die Katzen in der eigenen Wohnung versorgen kann. Er sollte auch das Spielen mit den Katzen nicht vergessen.
Noch besser ist es natürlich, wenn ein Catsitter und Homesitter während Ihrer Abwesenheit in Ihrer Wohnung wohnt. Wenn es kein Bekannter oder Angehöriger von Ihnen ist, sollten sie sich vergewissern, das der Betreuer Katzen mag und auch Erfahrung im Umgang mit ihnen hat. Hat er nur Erfahrung mit anderen Katzen, machen Sie ihn auf die Besonderheiten der Thaikatze aufmerksam.
Hinterlassen Sie auf jeden Fall einen Fütterung- und Versorgungsplan, die Adresse wo sie zu erreichen sind falls doch noch eine Frage auftaucht, die Adresse Ihres Tierarztes, dem sie natürlich vorher Bescheid geben, und ausreichende Futtermengen.

Sie wollen züchten?

Katzenzucht ist ein teures und zeitaufwendiges Hobby. Lassen sie sich nicht vom scheinbar hohen Verkaufspreis der Kitten täuschen. Nicht immer kann der Verkaufserlös der Kitten die entstehenden Zusatzkosten bei einer Zucht decken.

Wichtige Fragen

Kosten

Sie sollten sich in jedem Fall die Frage stellen, ob Sie im Falle von außerordentlichen Belastungen z. B. bei einem Kaiserschnitt in der Lage sind diese Kosten zu tragen. Hierfür können, sollte die Geburt auf ein Wochenende fallen, durchaus mal 700 bis 800 Euro fällig werden und die Bezahlung in einer Tierklinik hat sofort zu erfolgen.
Aber auch wenn alles glatt läuft, Untersuchungen und Ernährung der Katze vor und während der Schwangerschaft sind nicht billig. Haben Sie keinen eigenen Deckkater kommen noch Decktaxe und Fahrten zum Kater hinzu. Alle diese Kosten entstehen bevor ein einziges Kitten geboren wird.
Eventuell müssen Sie auch noch Ausstellungen besuchen. Neben der Meldegebühr kommen dann oft noch Benzin und Übernachtungskosten hinzu. Eine Ausstellungsgarnitur können Sie selber nähen oder käuflich erwerben.

Zeit

Bei der Katzengeburt müssen Sie auf jeden Fall anwesend sein. Die Katze wirft irgendwann zwischen dem 58. und dem 69. Tag. Können sie in dieser Zeit Urlaub nehmen oder wenigstens ständig nachschauen ob es los geht?
Viele Thaikatzen benötigen Hilfe beim auspacken des Neugeborenen aus der Eihülle und

beim Abnabeln. Wird das kleine Katzenkind nicht sofort ausgepackt, trocken gerubbelt und abgenabelt wird es ersticken. Kommen Sie dann erst nach ein paar Stunden nach Hause hat in diesem Fall kein Kitten eine Überlebenschance.

Hat die Mutter keine Milch so heißt es Flasche geben. In diesem Fall müssen Sie auch nachts für die ersten zwei Wochen alle 2 Stunden aufstehen.

Platz

Wenn Sie mehrere Katzen haben und besonders, wenn Sie noch einen Hund im Haus haben, benötigt die Kätzin einen getrennten Raum für die Aufzucht ihrer Kitten. Dieser darf allerdings nicht abseits vom normalen Tagesgeschehen liegen. Am besten ist es, wenn die Mutterkatze von dort aus alles mitbekommen kann, selber aber nicht gestört wird. Besonders Hunde erkennen meist erst bei Kitten ab der dritten Lebenswoche dass es sich hierbei um kleine Katzenkinder handelt. Daher sollten Hunde in der ersten Zeit nur unter Aufsicht schauen dürfen. Auf der anderen Seite vernachlässigen manche Katzenmütter ihre Kinder, wenn sie diese in einem anderen Raum großziehen sollen.

Um die Kitten dann nicht zu gefährden kann es dann nötig sein der Katzenmama das Wohnzimmer zu überlassen und die anderen vierbeinigen Familienmitglieder auszuquartieren. Sind die Kitten dann erst mal vier Wochen alt werden sie in der Regel von allen als neue Familienmitglieder akzeptiert. Wenn sie dann nach und nach ihre kleine Welt erobern brauchen sie viel Platz und Raum zum Spielen. Dabei müssen Gefahrenquellen beseitigt werden. Eventuell benötigen Sie einen Raum um Gegenstände vorübergehend auszulagern.

Nerven und Kondition

Das Warten auf die Geburt kann sehr nervenaufreibend sein. Sie dürfen nicht nervös werden. Jede Anspannung von Ihnen überträgt sich auf die werdende Mutter.

Fast alle Thaikatzen wollen im Beisein ihrer Zweibeiner ihre Kinder zur Welt bringen.

Sie werden wahrscheinlich die Tage vor der Geburt sehr spät schlafen gehen, da Sie jeden Abend davon überzeugt sind, dass es gleich los geht. Wenn Sie der Meinung sind dass es bald losgehen wird werden Sie vermutlich die eine oder andere Nacht überhaupt nicht ins Bett gehen. Nach einer Handaufzucht von Kitten sind Sie körperlich geschafft. Zum Schlafentzug kommt in diesem Fall noch die ständige Angst um ihre Zöglinge hinzu, wenn Sie mal etwas schlechter trinken oder gar aufgeblähte Bäuche haben. .Wie werden Sie es verkraften, wenn dann nicht jedes Kitten überlebt oder wenn die Mutter den Kaiserschnitt nicht überlebt hat? Zuletzt müssen sie sich dann eines Tages von den Kitten trennen. Sie werden viele Besucher bekommen, wobei Sie dann innerhalb einer gewissen Zeit einzuschätzen haben, ob Ihre Kitten dort in gute Hände kommen. Mehrere Sonntage werden Sie also mit Fremden bei Kaffee und Kuchen zubringen und versuchen sie so gut wie möglich kennen zu lernen. Es ist weder für Sie noch für die Mutterkatze sinnvoll alle Interessenten an einem Tag einzuladen. Für die Mutterkatze ist es besser, wenn nur ein

Kätzchen an einem Wochenende abhanden kommt, manchmal sind es ja auch zwei wenn jemand ein Geschwisterpaar haben möchte.
Sie selber können die neuen „Eltern“ Ihrer Kitten besser abschätzen, wenn Sie sich voll und ganz auf eine Person oder eine Familie konzentrieren können.

Wenn alle äußeren Bedingungen abgeklärt sind stellt sich die Frage ob Ihre Katze zur Zucht geeignet ist.

Im positivsten Fall haben Sie schon an eine spätere Zucht gedacht als Sie ihre Kitten angeschafft haben. Ansonsten könnte es passieren, dass in Ihrem Kaufvertrag eine Zucht ausgeschlossen wurde. Aber auch wenn das nicht der Fall ist, wird Ihre Katze vielleicht nicht hundertprozentig dem Ideal entsprechen. Darum ist es immer besser schon beim Kauf des Kittens zu erwähnen, dass man eventuell züchten will. Der Züchter wird Sie dann beim Kauf beraten. Da auch seine Zucht nach den von Ihnen gezüchteten Kitten beurteilt wird, rät er Ihnen mit Sicherheit zu einem sehr guten Kitten zu. Ein guter Kontakt zu dem Züchter der eigenen Katzen ist auch später sehr hilfreich. Er kann Ihnen aus seiner Erfahrung heraus wertvolle Ratschläge erteilen.
Ihre Katze sollte auf jeden Fall in Punkto Schönheit und Charakter eine erstklassige Thaikatze sein. Auch darf sie keine für die Zucht unerwünschten Verhaltensweisen wie z. B. das Wolle kauen haben. Die Katze muss sich in körperlich sehr gutem Gesundheitszustand befinden. Blutuntersuchungen müssen gefährliche Erkrankungen ausschließen und das Herz

und Kreislauf stark sein müssen versteht sich von selbst.

Mitgliedschaft in einem Verein

Damit Ihre Kitten später Ahnentafeln erhalten müssen Sie Mitglied in einem Rassekatzenzuchtverband sein. Wollen Sie bei der Tica züchten, so können Ihre Katzen dort vorher registriert werden. Denken Sie daran, dass dies rechtzeitig geschieht.

Eine Zucht ohne einen Nachweis der Abstammung sollte auf keinen Fall unternommen werden. Hat Ihre Katze Papiere, wäre es schade für die Kitten, wenn diese keine bekämen und hat die Mutter keine Papiere sollte sie ohnehin nicht zur Zucht eingesetzt werden, da niemand für ihre Rassereinheit garantieren kann.

Welche Voraussetzungen die Katze im jeweiligen Verein erfüllen muss ist recht unterschiedlich. In einigen Vereinen wird eine Bewertung auf einer Ausstellung mit Vorzüglich vorausgesetzt, bei einigen reicht ein sehr gut und bei anderem wiederum kann ein Zuchtwart die Zuchttauglichkeit feststellen.

Die Ahnentafeln selber sind nicht teuer (ca. 10 Euro), Sie sollten nicht darauf verzichten.

Wahl eines passenden Katers

Wenn Sie keinen eigenen Deckkater zu Hause haben sollten Sie sich nun nach dem geeigneten Kater für Ihre Katze umschauen. Beschäftigen Sie sich vorher etwas mit der Vererbung der Farben, dann wissen Sie ungefähr, was Sie im Wurf erwarten können.

Falls er in einem anderen Verein als Deckkater zugelassen ist, achten Sie bitte darauf, dass

der Kater auch die Voraussetzungen für Ihren Verein erfüllt. So sind nicht überall Foreign White zugelassen.
Der Kater muss gesund und ein hervorragender Thai sein.
Deckerfahrungen sind speziell bei einer jungen Katze Voraussetzung.
Zwei Neulinge sollte man nicht miteinander verpaaren.
Eine unerfahrene Kätzin kann durch zickiges Verhalten einen unerfahrenen Kater so verschrecken, dass er künftig keine Lust auf Katzenbesuch hat.
Auch kann ein ungeschickter Katzenjüngling eine unerfahrene Katze mit nicht enden wollenden vergeblichen Versuchen so nerven, dass diese zukünftig keine Kater mehr an sich heran lässt.
Bei einem älteren Kater haben Sie zusätzlich die Möglichkeit Bilder von seinen Nachzuchten zu sehen.
Aus Gründen der Gesunderhaltung der Rasse ist es auch nützlich zu erleben, dass dieser ältere Kater noch absolut fit ist. Dieses Argument ist allerdings für unsere Rasse nicht so gravierend wie es bei einigen anderen Rassen der Fall ist, bei denen schon viele Kater früh an allen möglichen Krankheiten sterben. Würden bei diesen Rassen ausschließlich Kater im Alter von über sechs Jahren zur Zucht verwendet werden, würden dort die kurzlebigen Linien vielleicht wieder verschwinden.
Zum Glück bestehen diese Probleme bei der Thaikatze nicht. Alle unsere Siamkater aus den

80er Jahren, heute würde man sie als Thai bezeichnen, haben ein Alter zwischen 17 und 23 Jahre erreicht.
Entscheiden Sie sich für den am besten zu Ihrer Katze passenden Kater, entscheiden Sie bitte nicht ausschließlich nach der Entfernung zu Ihrem Wohnort.

Anschaffung eines eigenen Katers für die Zucht

Thaikater sind meist sehr liebevolle Familienväter und es ist schon die doppelte Freude so eine komplette Katzenfamilie beobachten zu können.
Die Haltung eines potenten Katers kann sich recht schwierig gestalten, da viele Kater anfangen ihr Revier zu markieren. Diese Urinspritzer verbreiten einen enormen Gestank. Dann muss man den Kater eventuell in einem geeigneten Raum halten, der leicht zu reinigen ist. Dort braucht der Kater dann genügend Gesellschaft und Abwechslung. Züchter die bereits seit einigen Jahren züchten haben dann meist weibliche Kastraten zur Gesellschaft für ihren Kater. Außerdem muss das Katerzimmer so eingerichtet sein, dass Sie angenehm dort einige Stunden in verbringen möchten. Auf Ihre Gesellschaft wird er, auch wenn er Katzengesellschaft hat, nicht verzichten können.
Als Zuchtanfänger werden Sie wahrscheinlich keine Katze haben, die Ihrem Kater im Falle dass er markiert Gesellschaft leisten kann.
Sie sollten sich daher die Anschaffung eines Katers gut überlegen.
Sollten Sie mit weiblichen Nachkommen Ihres Katers weiter züchten wollen ist der Vater

natürlich für diese nutzlos. Sie müssen dann doch wieder einen Deckkater aufsuchen oder Sie lassen den alten kastrieren und schaffen einen zweiten Kater an.
In diesem Fall wird der Ältere eventuell nicht aufhören zu markieren. Als ehemals potenter Kater wird er weiter ein starker Kater sein, der sein Revier verteidigt.
Überlegen Sie dies bitte vor der Anschaffung eines Katers. Viele Kater werden aus den vorgenannten Gründen abgegeben und manch einer wandert dann von Hand zu Hand.
Es gibt auch die Praxis bei einigen Züchtern bereits vor der Anschaffung eines Katers einen Nachfolgeplatz zu suchen, wenn der Kater nur für ein bis zwei Jahre „eingeplant" ist. Dann wird er kastriert und der zweite Platz ist ein Dauerplatz für ihn.
Ich persönlich habe sehr gute Erfahrungen mit meinen Kastraten gemacht, die erst im Alter von bis zu 6 Jahren kastriert wurden. Alle waren bis zu ihrem Lebensende bei uns und haben alle nach der Kastration nicht mehr markiert. Einige haben dies auch vorher nicht getan. Verlassen können sie sich aber nicht darauf.
Wenn Sie sich einen Kater zur Zucht anschaffen müssen Sie sich im Klaren sein, dass Sie eventuell bei Ihrer späteren Zucht auf einen bestimmten Typ und eine Farbe festgelegt sind. Besonders gravierend ist dies, wenn Sie die Farbe cream point oder red point besonders mögen. Schaffen Sie sich dann so einen Kater an, werden Sie in Zukunft keine weiblichen Katzen mit Points in den Grundfarben bekommen und auch anstelle von tabby gefärbten haben Sie dann Katzen in torbie.

Ich persönlich liebe diese Katzen über alles. Sie könnten dann aber Schwierigkeiten haben Liebhaber für diese Tiere zu bekommen.
Nicht jeder hat sich über die Vielfalt der Farben der Thaikatze so wie Sie informiert und daher werden Sie immer wieder Interessenten bei der Auffassung bleiben, dass eine Katze mit Flecken in den Points unmöglich reinrassig sein kann.

Thaikatzen sind sehr frühreif

Wenn Sie eine Katze angeschafft haben und mit ihr züchten wollen, werden Sie schon lange bevor die Katze den Kater treffen darf die ersten Rolligkeiten bemerken.
Besonders wenn Sie schon einen Kater haben müssen Sie nun besonders aufpassen.
Wird die Katze zu früh eingedeckt kann Katze und Kitten schaden nehmen.
Die Kitten können unter Umständen missgebildet sein, die Mutterkatze wird in ihrer Entwicklung gehemmt und sie wird unter Umständen keine Wehen haben, was dann zum Kaiserschnitt führt.
Es gibt zwar die Möglichkeit bei einem Kaiserschnitt die Gebärfähigkeit der Katze zu erhalten, eine solche Operation ist aber in unnötig hohes Risiko für die Katze.
Daher bedeutet der Kaiserschnitt in der Regel das „Aus“ als Zuchtkatze.
Die frühe Geschlechtsreife der Thaikatze birgt noch ein zusätzliches Risiko.
Durch häufige Rolligkeiten vor Erreichung des zulässigen Zuchtalters können sich Zysten in der Gebärmutter bilden. Ist die Katze dann schon kurz vor der Erreichung des

Mindestalters für die Zucht, kann eine Sondergenehmigung für die Vorzeitige Belegung durch einen Kater durch den Zuchtverein erfolgen. Ist die Katze dann noch viel zu jung hilft nur eine Kastration. Diese darf nicht während der Rolligkeit vorgenommen werden, da die betroffenen Organe in dieser Zeit stärker durchblutet sind.
Eine häufig rollig werdende Thaikatze kann ruhig mit einem Jahr Katerkontakt bekommen. Wenn die Katze nicht unter häufigen Rolligkeiten leidet sollte man ruhig warten bis die Katze eineinhalb Jahre alt ist.
Thaikatzen dürfen drei mal in zwei Jahren Kitten bekommen.
Einmal im Jahr finde ich aber für eine Thaikatze absolut ausreichend, besonders wenn eines der Kitten im Haus bleiben darf.
Die Katze ist dann noch lange mit der Erziehung ihrer Tochter oder ihres Sohnes beschäftigt.

Zierliches Aussehen – robuste Natur

Obwohl die Thaikatze vom Äußeren auf viele vielleicht eher einen zerbrechlichen Eindruck macht, hat sie doch eine eher robuste Natur. Natürlich liebt sie die Wärme, muss aber auch in dieser Hinsicht nicht verhätschelt werden.
Die meisten Thaikatzen haben eine Lebenserwartung von mindestens 17 Jahren, viele

werden aber auch über 20 Jahre alt.
Bis ins hohe Alter bleiben sie beweglich haben aber im betagten Alter ein höheres Schlafbedürfnis.
Voraussetzung für ein langes gesundes Leben ist eine gesunde Ernährung, regelmäßige Krankheitsvorsorge durch Impfungen, Entwurmungen und sofortige Tierarztbesuche bei Erkrankungen oder auffälligem Verhalten.
Auch das regelmäßige Spiel ist gerade bei der Thaikatze für die Gesunderhaltung sehr förderlich.
Das Bild auf der folgenden Seite zeigt einen 17 Jahre alten „Siamkater“ aus den 80er Jahren. Heute würde man ihn als Thaikater bezeichnen.
In diesem Alter hatte er ein höheres Schlafbedürfnis und die Spielzeiten wurden kürzer.
Er war völlig gesund. Krankheitsanzeichen im fortgeschrittenen Alter sollte man nie als Alterserscheinung abtun und dadurch auf einen rechtzeitigen Tierarztbesuch verzichten.

Literatur

Your Siamese Cat, 1951, Vera M. Nelson, englisch, Amerika
Siamese Cats, 1974, Mary Dumnill, englisch, Großbritannien
The Complete Siamese, 1995, Sally Franklin, englisch,
Siam & Co., 1999, Gesine Wolf und Eva Maria Götz, deutsch, Deutschland

Geschichten in denen Siamkatzen eine Rolle spielen

„Die Katze die ....“, eine ganze Reihe von spannenden Katzenkrimis der Autorin Lilian Jackson Braun

„Die Katze mit den blauen Augen“, eine Familiengeschichte von Doreen Tovey aus ihrem eigenen Leben.

Eine Fortsetzung dieser Geschichte finden wir in den Büchern
„Der Kleine Kater Samson“ und
„Meine freche Katze Saphra“

„Katze fürs Leben“, eine spannende Geschichte von Stefanie Zweig

„Peter und die Katze mit den blauen Augen“ eine Geschichte für Kinder von Eva Günther

Inhalt

Titelbild zeigt Thaikater (2Jahre) lilacpoint und Thaikatze (21Jahre) sealpoint.